战场中的工程学
ENGINEERING GOES TO WAR

［英］特里·伯罗斯　著
夏凤金　译

科学普及出版社
·北京·

图书在版编目（CIP）数据

战场中的科学．战场中的工程学 /（英）特里·伯罗斯著；夏凤金译．－－北京：科学普及出版社，2022.4
　ISBN 978-7-110-10428-6

Ⅰ.①战… Ⅱ.①特… ②夏… Ⅲ.①科学知识—普及读物 ②工程技术—普及读物 Ⅳ.① Z228 ② TB-49

中国版本图书馆 CIP 数据核字（2022）第 053864 号

© 2020 Brown Bear Books Ltd

BROWN BEAR BOOKS

STEM ON THE BATTLEFIELD/hovercrafts and humvees: engineering goes to war
Devised and produced by Brown Bear Books Ltd,
Unit 3/R, Leroy House 436 Essex Road London,
N1 3QP, United Kingdom

Simplified Chinese Language rights thorough CA-LINK International LLC (www.ca-link.com)
北京市版权局著作权合同登记　图字：01-2021-7306

策划编辑	李惠兴
责任编辑	李惠兴　郭秋霞
装帧设计	中文天地
责任校对	焦　宁
责任印制	马宇晨

出　　版	科学普及出版社
发　　行	中国科学技术出版社有限公司发行部
地　　址	北京市海淀区中关村南大街 16 号
邮　　编	100081
发行电话	010-62173865
传　　真	010-62173081
网　　址	http://www.cspbooks.com.cn

开　　本	889mm×1194mm　1/20
字　　数	240 千字
印　　张	13.5
版　　次	2022 年 4 月第 1 版
印　　次	2022 年 4 月第 1 次印刷
印　　刷	北京瑞禾彩色印刷有限公司
书　　号	ISBN 978-7-110-10428-6 / Z·258
定　　价	120.00 元

（凡购买本社图书，如有缺页、倒页、脱页者，本社发行部负责调换）

目录

战场中的工程学 4

罗马大道 6

桨船和大帆船 10

城堡与防御工事 14

达·芬奇的武器 18

新型战舰 20

战斗机 24

坦克问世 28

轰炸机与喷气机 32

直升机 36

军事运输 40

气垫船 42

大事记 44

战场中的工程学

在第二次世界大战期间（1939—1945），法国被德国占领。1944年6月6日，来自英国、美国等国的15万余盟军向驻扎在法国的德军发起了大规模的登陆进攻，史称诺曼底登陆。登陆之后，继续作战需要快速补给，但当时却没有合适的港口供补给船停靠。在这种情况下，盟军的工程师预先建造了大型的浮动港口，拖到诺曼底，组成了两个人工港口，被称为桑树A和桑树B。这些人工港口从英国拖运到法国几天内即投入使用，大大提高了人员、物资的上岸速度，为诺曼底登陆之后的作战胜利做出了重大贡献。

登陆当天，一个桑树港口的组装件被运往法国。两个码头的总长达8千米。

密不可分的工程学和战争

工程学是关于发动机、机械和各种建筑结构（如道路、防御工事等）的设计、建造的技术。在英语中，"工程"这个词来源于军事战争。在 14 世纪，工程师（即"做工程的人"）的任务就是建造投石机、攻城槌等器械。他们所造出的这些器械，每一个都被称为"工程"。

中世纪的士兵正在用抛石机、攻城槌和加农炮攻击城堡。他们用的这些装备都叫"工程"。

战争促进了工程技术的进步

战争通常会促进工程技术的发展。第一次世界大战导致了无线电通信的发明，第二次世界大战又推动了无线电导航、喷气式飞机和原子弹技术的进步。第二次世界大战以后，美国为了扩大在世界上的影响力，与苏联（1922—1991）陷入了长期的"冷战"。这场较量也促进了人类工程技术历史上最伟大的进步——航天飞行。

罗马大道

古罗马人架桥筑路、建设各种各样的防御工事，这是人类历史上第一次将工程技术较为系统地用于战争。

公元前 3 世纪到公元 1 世纪，古罗马军队控制了欧洲和北非的大部分领土。仰仗着罗马军团在陆地和海洋上的快速机动，古罗马人的地盘不断扩大。罗马军团每到一地就会建造新的道路。这些道路帮助古罗马人实现远距离的人员和物资的运输。

拱券*的浮雕上刻画的是公元 315 年古罗马的军人们正在庆祝一场大捷。

---

* 拱券：桥梁、门窗等建筑物筑成弧形的地方。

筑路

古罗马人在建造道路时尽量取直线，这样可以保证军队在两个地点之间快速行军（两点之间直线最短）。笔直的道路一览无余，最大限度地减少了敌人或山贼的藏身之处。

现在依然能看到很多古罗马的道路，它们一般是笔直的，由石块铺就，很容易辨别。

科学档案

罗马大道

罗马大道建在土垄上，呈脊状。士兵在道路两侧挖土堆成土垄，所挖出来的坑道成了排水沟。在土垄的上面再铺上30厘米厚的砂砾、碎石。罗马大道的高度可达1.5米，宽度15.2米。

每个罗马军团都配备了一名土地测量员,他的工作就是规划道路。他先用一种叫格罗马的测量仪(groma,木制的,呈十字,中间挂着重物块)来寻找平地,之后用木桩标明道路走向,以待施工。

建造堡垒

在帝国的偏远地区,军队的测量员们还负责建造堡垒。建造堡垒外墙所用的材料是石头或者木材。在墙内,道路和街区按照网格状规划。街区里有兵营、浴室和商店。每个堡垒中的建筑整齐划一,按照统一方式建造。

这是伦特古罗马堡垒(位于英格兰中部)的入口,士兵站在最上层瞭望,以防敌人来袭。

哈德良长城蜿蜒盘旋在英格兰的北部，旁边是一种小型堡垒的遗址。

科学档案

哈德良长城

哈德良长城是古罗马帝国修建的最大规模的建筑。这座石墙长117千米，平均高约4.6米，宽约3米，由15 000人用了6年的时间建造完成。有数十座堡垒沿长城而建，每1.48千米有一座小型堡垒（每座可容纳20～30人），每7.4千米就有一座大型堡垒。

古罗马帝国的边防

在古罗马帝国的一些边疆地区，工程师们筑起了城墙来保卫边疆，其中最著名的一处是位于不列颠岛北部的哈德良长城。122年，罗马皇帝哈德良下令建造了这道城墙，以抵御北方的皮克特人（凯尔特人的一支，生活在今天的苏格兰北部）。

9

桨船和大帆船

人类海战大约有 4000 年的历史了，军队里的工程师们为此建造了使用风力和人力驱动的战船。

公元前 2000 年左右，生活在希腊克里特岛的米诺斯人为了保卫领土和贸易安全，建造了世界上最早的战船。早期的战船叫桨船，靠划桨手划桨航行。动力最强劲的是三桨座战船，船的两侧各有三层划桨手。

在这个三桨座战船的复原模型上可以看到桨的布置情况和船头的撞锤。

桨座（支点）

桨杆（杠杆）

桨叶（受力）

在划艇中，桨作为杠杆，划桨手划动桨驱动船前进。

建造桨船

要建造一艘又结实又快、易操控、能载几十人的桨船需要很高超的技巧。船的长度可达 36.6 米，主要使用的木材是冷杉、松木、杉木。

桨船的主要用途是攻击敌方战舰。突出的船头上有一个又长又尖的撞锤浮在水面上，在战场上，它的功用是撞击敌方战舰的侧面。船上配备手持武器的士兵，当与敌方战舰相距较近时，士兵会持剑跳上敌方战舰厮杀。

科学档案

桨与杠杆

在中国，早在约公元前 5000 年就使用木桨来驱动船前进了。桨是利用杠杆原理来工作的。每支桨都通过桨座固定在船的侧面，这个桨座就是杠杆的支点。绕着支点推拉桨，给水一个推力，水就给桨一个反作用力，驱动船前进。

11

科学档案

帆船上的船帆可以像图中这样面向航行方向展开,也可以根据风向,几乎顺着航行方向展开。

逆风扬帆

船员通过改变船帆的展开方向来调整航线。船帆通过水平的横杆"帆桁"挂在桅杆上,在航行过程中,通过拉动帆桁两侧的"转桁索"转动船帆,将船帆转动到几乎完全侧向展开时,在船底龙骨的配合下,船就可以逆风航行了。

帆船

1571 年,在希腊附近发生的勒班陀之战是桨船与桨船之间的最后一次主要战役。在这场战役中,欧洲联军击败了奥斯曼帝国[*]。在这之后的 3 个世纪里,桨船逐步远去,帆船占据了主要地

---

[*] 土耳其人建立的多民族帝国,因创立者为奥斯曼一世而得名。1299—1923 年存在。

位。15 世纪，葡萄牙建造了一种大型帆船叫卡拉克，用来装载货物做长途航行。到了 16 世纪早期，这种大型帆船从欧洲驶向印度、中国和南美洲。

大帆船时代

随着造船技术的发展，西班牙、法国和英国等国开始建造全副武装的多层甲板战舰，叫大帆船，成为海战中的利器。1534 年，葡萄牙建造的博塔弗戈大帆船装配了 366 门大炮，是当时最大的海船。1805 年，发生在英国和法国－西班牙联军之间的特拉法尔加海战是帆船时代的最后一场大战。之后，工程师们就创造了第一艘由蒸汽驱动的铁甲舰。

在特拉法尔加之战中，大帆船尽可能与敌船平行，这样船上的大炮可以齐发，以密集的火力摧毁敌船的侧翼。

城堡与防御工事

在中世纪的欧洲，统治者和贵族建造了很多城堡。这些城堡不但能起到防御的作用，还能彰显主人的地位与财富。

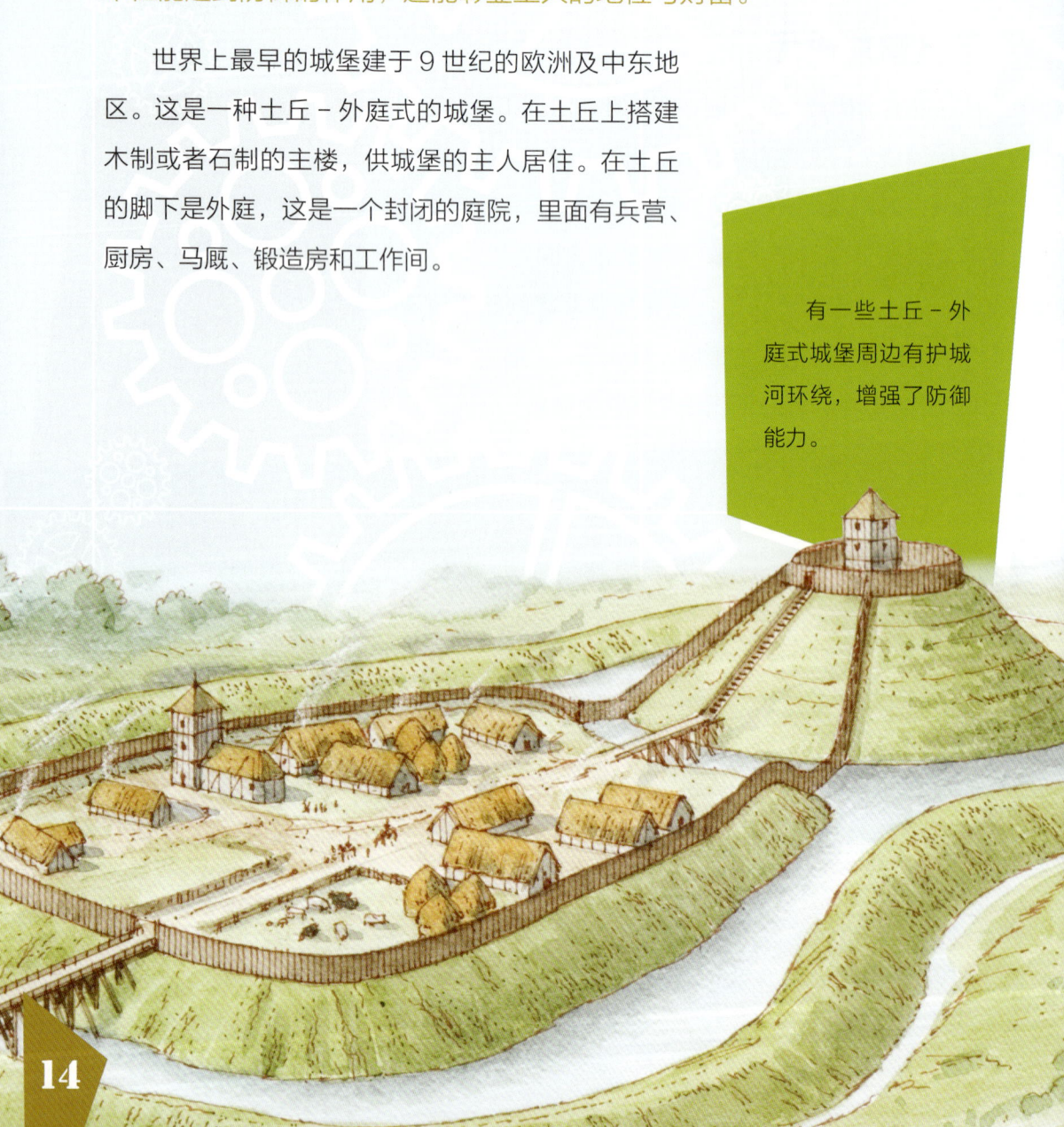

世界上最早的城堡建于9世纪的欧洲及中东地区。这是一种土丘－外庭式的城堡。在土丘上搭建木制或者石制的主楼，供城堡的主人居住。在土丘的脚下是外庭，这是一个封闭的庭院，里面有兵营、厨房、马厩、锻造房和工作间。

有一些土丘－外庭式城堡周边有护城河环绕，增强了防御能力。

越来越大的城堡

很快,贵族们就开始建造越来越大的城堡。城墙越来越高,也越来越厚。工程师还沿着城墙加盖了碉堡。到了12世纪,碉堡的形状从方形转变成圆形,因为方形碉堡在被敌人挖墙脚时容易坍塌。弓箭手站在碉堡上向来袭者放箭。

在城墙和碉堡上面建有城垛和步道。士兵通过锯齿状的垛口向下方的敌人发射石块或火球。

科学档案

致命的杠杆

在大炮还不普及的14世纪,最有效的攻城机器莫过于抛石机了。抛石机就像一个长杠杆,利用在一端的重物的重力发射在另一端的石块或火球。

拉下抛石臂的一端,装好石块或火球后松开,抛石臂另一端因配重飞速下降,将石块或火球扔出去。

15

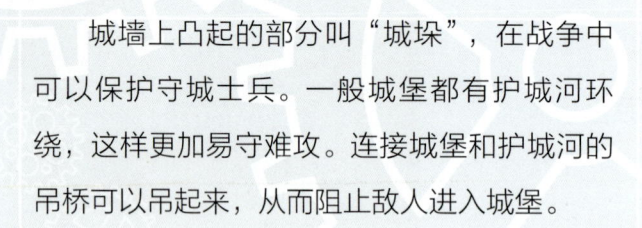

城墙上凸起的部分叫"城垛",在战争中可以保护守城士兵。一般城堡都有护城河环绕,这样更加易守难攻。连接城堡和护城河的吊桥可以吊起来,从而阻止敌人进入城堡。

越来越强大的城堡

12—13世纪是城堡建造的大发展时期。当时欧洲统治者们之间的征伐不断,但工程师们已经很少建造土丘-外庭式的城堡了,因为这时欧洲军队开始使用火炮,火炮很容易摧毁旧式的城堡。新式城堡完全由石头造

西班牙皇家曼萨纳雷斯城堡建于1475年,位于今天的马德里附近。其城墙上有城垛和圆形塔楼,难以攻击。

就，防御能力大大增强。星状的城墙一层又套一层，这给攻城的敌人带来了很大的麻烦。

到了 17 世纪，城堡不再作为军事建筑。很多城堡变成了法院或者政府办公场所。一些富有的贵族抛弃了城堡，转而建造新的乡间宅院，这些宅院没有防御的需要，仅是主人财富的象征。

聪明的大脑

塞巴斯蒂安·勒普雷斯特雷·德·沃邦（1633—1707）是一位法国工程师，精通城堡设计和攻城战。

他设计建造了欧洲第一条作战壕沟，攻城兵在进攻的时候可以在壕沟中躲避攻击。后来建设类似的壕沟成为整个欧洲的通行做法。沃邦改建升级了法国的 300 座堡垒，设计了 37 座新型的堡垒。

这是斯洛伐克的一座星形城堡。星状的墙上筑有碉堡，碉堡外是一层土。在碉堡受到大炮攻击的时候，这层土可以吸收掉大炮的能量。

17

达·芬奇的武器

莱昂纳多·达·芬奇是意大利文艺复兴时期（文艺、科学取得伟大进步的时期）的代表人物，他不仅是一位著名的艺术家，还是一位发明家、军事工程学家。

在达·芬奇的发明中，只有很少一部分被制造出来过，但是很多与他的发明相似的武器在几个世纪后才出现。1481年，他发明了三管大炮。1487年，他设计了一款类似于坦克的装甲车，通过摇动手柄移动。之后，他还发明了33管的排管枪，这也是现代机枪的前身（第一挺真正的机枪在300多年后才出现）。

这个模型是根据达·芬奇设计的装甲车制作的，在木壳里面有一辆四轮的小车。有人认为这就是世界上第一辆坦克。

设计军事装备

在为米兰公爵工作期间,达·芬奇设计了一款旋转桥。这款桥易于装卸运输,用于军队跨越急流或护城河。

达·芬奇设计了人力飞行器,也叫扑翼飞机,其设计灵感来自鸟类,人依靠拍打特别设计的翅膀提供动力"飞行"。他还设计了一种直升机和第一个降落伞。

聪明的大脑

莱昂纳多·达·芬奇(1452—1519)是一个典型的"文艺复兴人"(形容一个人在很多领域都有建树,也就是"全才")。他在绘画、数学、工程学、植物学、天文学、流体力学、音乐等多方面都有所成就,以《蒙娜丽莎》《最后的晚餐》等许多著名的绘画作品为大众所熟知。

炮管

达·芬奇设计发明的军事装备中,很多都带有多管火炮,类似于现代的机枪。

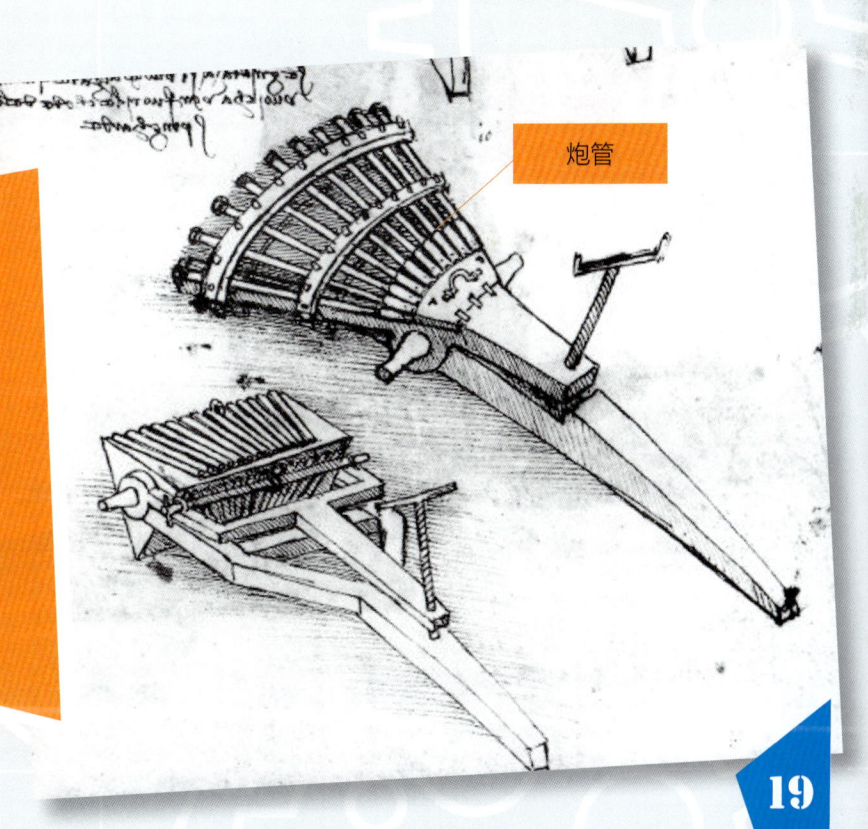

新型战舰

到了 19 世纪，出现了以蒸汽机为动力、以钢铁为原料制作的战舰，这也带来了海上作战的新方式。

第一艘蒸汽战舰建造于 19 世纪 20 年代的欧洲，此时正处于第一次工业革命时期，工程师们发明各式新机器以满足各种工作需要。新的工厂为造这些新机器锻造了大量的钢和铁，火车和轮船都用上了蒸汽机，燃煤的蒸汽机带动螺旋桨推动着战舰乘风破浪。但是在缺少煤炭的地方，蒸汽战舰上还会准备一套船帆，以备不时之需。

图中所示是 1862 年 3 月（美国内战期间，1861—1865）发生在弗吉尼亚的汉普顿海战。这是铁甲舰对铁甲舰的战争，近代第一次真正意义上的海战。

在锡诺普海战中，俄国的大炮摧毁了土耳其的战船。土耳其的失利表明，面对大炮，木制战船几乎无用武之地。

▌▌▌ 爆破炮弹

在这一时期，人们还发明了爆破炮弹。1853年，在土耳其附件的黑海海面发生了锡诺普海战。俄国海军使用爆破炮弹摧毁了奥斯曼土耳其帝国的木制战舰，炮弹在战舰上炸开一个洞，并使之起火。

科学档案

铁甲舰

第一艘铁甲舰是法国海军的"光荣"号，1859年下水。一年后，英国皇家海军建造了"勇士"号铁甲舰。在美国内战中，铁甲舰得到广泛使用。各种铁甲舰海战表明木制战舰的时代已经结束了。

铁甲战舰

锡诺普海战改变了战舰的制造方式。工程师们开始给木制的战舰穿上铁甲，第一艘这样的铁甲战舰出现在美国内战中。这是一场北方联邦军对战南方联盟军的战争，1861年，在路易斯安那州的密西西比河河口之战中，南方盟军的铁甲舰"马纳萨斯"号撞击了北方联邦军的舰船。

科学档案

潜水艇

1775年，工程师大卫·布什内尔设计了第一艘军用潜水艇，并将其命名为"海龟"号。那是在美国独立战争时期，布什内尔计划用它将水下炸弹系在英国战船上。1864年，在美国内战中南方联盟军的"汉利"号潜艇击沉了北方联邦军的"豪萨通尼克"号帆船。不过，潜水艇真正发挥威力还是在第一次世界大战期间。在大西洋上，德国的U型潜艇击沉了英美联军的数艘补给船。

一个名叫埃兹拉·李的士兵尝试着操控"海龟"号炸沉英国的战船，但他在转动曲柄驱动潜水艇前进的时候精疲力竭，不得不放弃原计划。

到 19 世纪 60 年代末，钢开始取代铁成为建造战舰的主要原料。与铁质舰船相比，钢制舰船更结实更轻快。到 19 世纪末期，大部分的战舰都用钢制造。

1906 年，英国皇家海军"无畏"号战列舰下水。之后，英国又建造了多艘同样的战舰，统称"无畏舰"。

战列舰

钢的使用，使得人们更容易建造大型战舰。1892 年，英国皇家海军将这种大型铁甲战船改称"战列舰"。1906 年，第一艘现代战列舰"无畏"号下水，它由 4 台蒸汽轮机组提供动力，舰上配备的 12 英寸（305 毫米）口径主炮射程可达 17.5 千米。"无畏"号的出现使当时在列的所有军舰都黯淡无光。

战斗机

利用空中的工具为战争服务，具有久远的历史。早在2000多年前，中国的军队就利用风筝传递消息。现代意义上的空战始于蒙戈尔菲耶兄弟在法国放飞的热气球。

1794年，法国建立了世界上第一支空中军队，使用的就是热气球。同年，在法国大革命战争（1792—1802）中的弗勒吕斯之战中，法军利用热气球侦察敌情。在美国内战中，北方联邦军利用热气球观察南方盟军的方位。

莱特兄弟在1903年制造了第一架飞机，利用发动机驱动飞机前进。1910年，美国海军试验在飞机上架设机枪。

在美国内战中，美国热气球驾驶员撒迪厄斯·洛正准备乘坐热气球侦察敌人方位。

1911年，在意大利与奥斯曼土耳其帝国的战争中，意大利飞行员驾驶飞机并向土方军队徒手投掷炸弹。

第一次世界大战

第一次世界大战是首次引入大量飞机的战争。飞行员驾驶着单翼和双翼飞机盘旋在敌方上空。

聪明的大脑

撒迪厄斯·洛（1832—1913）是一位自学成才的美国发明家。在19世纪50年代，他开始着迷于飞行。他自己制作热气球，并两次试图飞越大西洋（均以失败告终）。1861年，美国内战爆发，他组建了美国热气球部队。

这是第一次世界大战的空战场面，画面中一架英国双翼战机正在追击一架德国双翼战机。

25

最著名的战斗机飞行员莫过于德国的曼弗雷德·冯·里希特霍芬了。他驾驶的是如右图所示的福克三翼机。

1917年出现了三翼机，这种战斗机比双翼机易于操控，但是飞行速度要慢一些。

空战

最初，飞行员主要任务是驾驶飞机进行空中侦察。后来，他们逐渐加入战斗之中，用手枪互射。再后来，机枪取代了手枪。

在20世纪20—30年代，飞机的设计飞速发展。更加结实的金属框架单翼战机替代了原来的双翼战机。与此同时，工程师发明了更大型的战机，用来作为轰炸机或者运

科学档案

单翼战机和双翼战机

第一次世界大战时，战机的引擎动力还不是很强大，所以战机要想升空，需要很宽的翼展。这样，单翼机的机翼就显得太脆弱了，有时候甚至会折断。相对来说，双翼机更容易起飞，也更易于操控。这两种战机都比较结实、轻便，也易于制造。

输机。飞机开始在战斗中扮演极其关键的角色。1940年，英国皇家空军和纳粹德国空军在英国上空展开了激烈的战斗（不列颠之战，第二次世界大战中规模最大的空战），此次战争被视作纯空中战争。

"二战"后的飞机技术发展很快，喷气发动机的发明催生了新一代更加强劲的战斗机。

英国工程师雷金纳德·J.米切尔设计了"超级马林"喷火战斗机，这是第二次世界大战中最著名的一款战机，最高航速达595千米/时。

坦克问世

在 20 世纪早期，工程师在战车上加装了发动机和铁甲，这使得车辆自重增大，常常陷入泥中。

其中一个解决方案就是将战车的轮子换成连续的履带。跟轮子相比，履带的面积大，可以分散战车的重力，这就使战车免于深陷泥潭。

第一次世界大战中，一位英国工程师正在测试一辆履带战车的操控性。

早期的"坦克"

给车装上履带的设计在 18 世纪晚期就有了,但直到 1901 年才制造出真正适合各种地形的全地形履带车,主要用途是在森林里拖木材(履带拖拉机)。

1905 年,英国军方试验了履带车,认为它没有什么军事用途。当时的士兵戏称其为"毛毛虫",现在这个词仍然经常用来称呼履带车。直到第一次世界大战,装配了武器的履带战车在第一次世界大战中投入使用,这就是坦克。

聪明的大脑

欧内斯特·斯温顿(1868—1951)是一位英国战地记者,他促成了坦克的发明。在第一次世界大战中,很多士兵被敌军的机枪所伤,这让斯温顿很是震惊。他看到美国霍尔特公司的履带拖拉机牵引大炮后,突发奇想,起草了制造履带战车的计划,最终促成英国研制马克 I 型坦克。

1918 年,第一次世界大战进入尾声,在法国,加拿大的士兵正坐在英国产马克 IV 型坦克上。

1916年，坦克在战场上首次亮相。在法国索姆河战役*中，英国军队使用装配着机枪的坦克与德国陆军作战。

1940年，德国坦克在法国巴黎的凯旋门参加胜利阅兵。疾驰的坦克帮助德军只花了两个月就击溃了法军。

第二次世界大战

1939年，第二次世界大战爆发，此时的坦克都已配备了大型的主炮。这些履带战车在战场上发挥了重要作用。

在"二战"的前半程，纳粹德国的军队在战机的配合下使用坦克，迅速突击，很快占领了他国的领土。

---

* 1916年6月24日到11月18日，英法联军在法国北方索姆河区域对战德国军队。这是第一次世界大战中规模最大的一次战役，也是第一次世界大战中最为惨烈的阵地战，还是人类历史上第一次使用坦克作战。双方伤亡共约130万人。

其他履带车

除了坦克，在第二次世界大战期间还出现了很多其他履带车，包括坦克歼击车等。这些坦克歼击车使用大炮来攻击敌方坦克，使其无用武之地。还有一些履带车用来运送士兵，包括前面是轮子（掌控方向）、后面是履带的"半履带车"，只要会开坦克，不需要特别培训，就可驾驶这种半履带车。

1944年7月，美国海军的LVT水陆两栖车登陆太平洋上的天宁岛，这次作战是美军占领马里亚纳群岛行动的一部分。

科学档案

水陆两栖车

顾名思义，水陆两栖车既可以跋山又能涉水。在1942年的太平洋战争中，美国海军使用了世界上首辆水陆两栖车"LVT-1"号，在这款车的履带上有凸起的履带齿，这些齿对战车在水中行驶有助推作用，当战车在海滩上行驶的时候，它又可以提供抓地力。

31

轰炸机与喷气机

第一架轰炸机出现在第一次世界大战期间,它不是用于空中战斗,而是主要用来打击地面目标。

英国的布里斯托 TB8 双翼战机是一种"一战"时期的轰炸机,可携带 12 枚重约 4.5 千克的炸弹。在轰炸机的驾驶舱有投弹瞄准器,帮助飞行员瞄准地面目标,实施轰炸。不过,对于实战来说,TB8 的速度还是太慢了。"一战"期间最出众的轰炸机其实是飞艇,比如德国的"齐柏林"飞艇。

在探照灯的指引下,英国炮兵正用火炮轰击德国的"齐柏林"飞艇。这种飞艇是一战中效率最高的武器。

图中是德国斯图卡式俯冲轰炸机,它垂直俯冲接近目标然后再投射炸弹轰击。

大型轰炸机

在第一次世界大战到第二次世界大战期间,工程师开始设计更大型的轰炸机,以携带更多的炸弹。1937年,在西班牙内战期间(1936—1939),纳粹德国空军使用的轰炸机携带了大量的炸弹,对格尔尼卡(西班牙中部城镇)实施了大面积的地毯式轰炸*。在"二战"期间,英国和美国的轰炸机也对德国的城市进行了这种地毯式的轰炸。

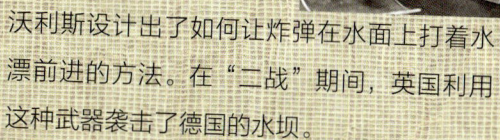

* 西班牙内战双方都有国外军队参战,纳粹德国为其中一方的支持者。

聪明的大脑

巴恩斯·沃利斯(1887—1979)是一位英国工程师,他想出了"弹跳炸弹"的点子。沃利斯设计出了如何让炸弹在水面上打着水漂前进的方法。在"二战"期间,英国利用这种武器袭击了德国的水坝。

波音 B-29 轰炸机，即"超级空中堡垒"，诞生于"二战"期间，一直服役到 1960 年。

"二战"期间，轰炸机技术进步神速。工程师针对特定用途设计了不同的轰炸机。还出现了一些小型的俯冲式轰炸机，用来轰炸敌方的战舰。像美国的道格拉斯 SBD 轰炸机和德国的容克轰炸机都属于俯冲式轰炸机，它们的机翼像海鸥的翅膀一样，是弯曲的。

重型轰炸机

在"二战"期间，造价最昂贵的军事装备是重型轰炸机。工程师们设计了包括美国波音 B-29 "超级空中堡垒"在内的新型重型轰炸机。这种轰炸机的驾驶舱是增压的，所以相比一般的战机可以飞得更高。它还配有遥控机枪，一个炮手可以同时控制四支独立的机枪。1945 年 8 月 6 日，B-29 轰炸机 "艾诺拉·盖伊"号在日本广岛上空掷下了一颗原子弹，爆炸摧毁了整座城市，当日至少有 90 000 人丧生。

喷气式飞机时代

到"二战"末期,飞机上的活塞式发动机被喷气式发动机取代,后者的重量更小。这意味着工程师可以设计出更轻型的飞机。20世纪50年代,喷气式飞机开始应用雷达定位敌军或锁定地面目标。到了70年代,涡轮风扇发动机又取代了涡轮喷气发动机,使飞机更省油,速度更快。

喷气式飞机突破音障后,水蒸气被压缩,产生晕轮。

科学档案

音障

声音在空气中的传播速度是1236千米/时*,当飞机的速度超过这个速度,我们就说它"突破音障",这个速度也被称作"1马赫"。这时候飞机周围的水凝结成水滴,形成白色的晕轮。同时因为声波被挤压,产生音爆现象。

---

* 声音在空气中传播的速度是变化的值,在1个标准大气压、15摄氏度时的传播速度为340米/秒。1236千米/时换算后为343米/秒。

直升机

直升机由水平的旋转叶片（螺旋桨）提供动力。第一架真正的直升机诞生于 1939 年。

早在公元前 400 年，人们就懂得直升飞行的原理了。在一根竹柄上固定上一个竹片，用手搓动竹柄，这个竹片就可以飞起来（相当于竹蜻蜓）。1000 年之后，莱昂纳多·达·芬奇设计了一种利用旋转叶片飞行的飞行器。

这是达·芬奇绘制的飞行器"空中螺旋桨"。专家认为它需要很大的转速才能飞起来，非人力所能为。

19世纪末，工程师发明了各种能垂直飞行的装置，但是直到第二次世界大战，才诞生了真正的直升机。1939年，美国的西科尔斯基公司生产了第一架直升机。在"二战"中，先后有400多架直升机投入战斗，主要在东南亚的丛林地带执行搜寻和救援任务。

战场上的多面手

"二战"以后，军用直升机越来越普遍，小型的单桨直升机也逐渐过渡到大型的双桨直升机。

聪明的大脑

伊戈尔·西科尔斯基（1889—1972）是一位俄裔美国航空工程师。1939年，他受达·芬奇的草图的启发，发明制造了第一架直升机。他设计的VS-300是所有现代直升机的雏形。1941年，西科尔斯基受命为美国空军建造第一艘军用直升机。

伊戈尔·西科尔斯基正在驾驶VS-300直升机。在直升机的尾部有个垂直的小螺旋桨，这个尾桨的作用是抵消主螺旋桨带来的扭矩。

科学档案

垂直起降技术

垂直起降技术（VTOL）就是指战斗机或轰炸机能垂直起飞并能实现悬停的技术，像直升机一样。

最著名的垂直起降机就是英国的"鹞"式战斗机，它配有1台喷气式发动机，靠发动机上的4个喷口往下喷气起飞。起飞后，喷口调整方向，为飞机向前飞行提供动力。

直升机可以在道路情况不好的地方运送人员和物资，从战场上撤离伤员，飞越敌人上空搜集情报。有的直升机甚至还能直接参与战斗。在越南战争期间（1955—1975），美军就使用了武装直升机，比如能快速机动的贝尔AH-1"眼镜蛇"武装直升机在1968年参与了抵抗北越发起的猛烈"春节攻势"，这是美国在越南战争期间遭受的较为严重的一次攻击。

越南战争期间，一架直升机正悬停在敌方阵地，美军士兵跃下飞机执行任务。

一架 AH-64 阿帕奇直升机正在试射导弹。导弹可在激光的指引下击中目标。

继续发挥威力

在越南战争之后，美军将直升机投入到后续的战争中。在第一次海湾战争中（1990—1991），美军及其盟友迫使伊拉克军队退出了中东波斯湾附近的科威特。在进攻伊占科威特的过程中，美军使用波音 AH-64 阿帕奇直升机攻击伊拉克的雷达和导弹发射场，开启了的"沙漠风暴"行动。

军事运输

战场上的高科技不仅只有武器，科学技术还为人员、补给和装备的运输提供了更高效的运输方式。

19 世纪中期，军队开始使用火车运输人员和补给。在克里米亚战争*（1853—1856）中的塞瓦斯托波尔围城战中，英国甚至专门为运送士兵修建了一条铁路。在美国内战中，铁路也发挥了重要作用。北方相比南方有更长的铁路线，所以北方的将领们能更快地将士兵调遣到更多的战略位置。

科学档案

吉普车

1941 年，美军制造了战场多用途车辆 Willys MB，俗称吉普车，官方名称"GP，通用汽车"或"政府用车"。1941—1968 年，美国的工厂生产了将近 60 万辆吉普车投入朝鲜战争和越南战争中。

第一次世界大战期间，在法国的美国海军陆战队正乘坐火车开赴前线。

---

* 是俄国与英国、法国、奥斯曼土耳其帝国之间进行的战争，战场在黑海沿岸的克里米亚半岛。

进入 20 世纪

"一战"期间,军队除了用铁路运送士兵,还第一次使用机动车辆运送士兵和补给,但是卡车经常陷在泥泞的路上。因此,到了"二战"时,更多使用履带车和小吉普车完成上述任务。

在现代战场上,补给运输车包括运输坦克的车辆。从 2001 年的阿富汗战争开始,美军使用全地形运输车(ATVs)在没有路的地方拖着补给车机动行驶。

悍马车的最高速度可达 113 千米/时。它有 4 个轮子,可在崎岖的地面上行驶。

科学档案

悍马车

高机动多功能轮式运输车(HMMWV),绰号"悍马车"(Humvee)。这是一款 1984 年为美军研制的车,用来运送货物和人员。1989 年,在巴拿马战争中第一次投入实战,在海湾战争中也可以看到它的身影。

气垫船

气垫船的船底与支撑面之间有一层"空气垫",这使得它可以在陆地、海上、冰面甚至泥泞路面上行驶或航行。

关于气垫船的设想最早出现在19世纪早期。1956年,英国机械工程师克里斯托弗·科克雷尔制作了第一个气垫船模型。

气垫船的原理是在船体的下方用鼓风机鼓入空气,创造一个高压区。船下的气压高于船上的气压,慢慢就把船抬升起来了。在船尾部的发动机推动船向前运动。

"野牛"级气垫船是当今世界最大的气垫船,它的最高行驶速度可达116.6千米/时。

美国北极星全地形突击越野车 MRZR4，它可以运载 4 名士兵及其补给，或者 6 名士兵，还可以在后面加挂一辆挂载货车。

越南战争期间，气垫船第一次大规模投入使用。美军用它在越南湄公河三角洲的河道和稻田中穿行。

世界最大的气垫船

世界上最大的气垫船是乌克兰制造的"野牛"级登陆气垫船。俄罗斯、希腊等国海军也使用了这种登陆气垫船。"野牛"级登陆气垫船长 57 米，载货类型不限，可搭载 3 辆主战坦克或者 500 名士兵。

科学档案

全地形运输车

军用全地形运输车在近些年的中东战争中获得了广泛应用。它们既能在山上攀爬，也能在沙漠里驰骋。两座或四座的小型运输车还能通过直升机运输伞降，常常用来执行特殊任务。

大事记

约公元前 500 年	中国发明抛石机，可将石块抛出 125 米远。
约公元前 340 年	马其顿人发明了第一个攻城抛石机。
约 800 年	中国发明火药。
1415 年	在阿金库尔战役中，英国的弓箭手凭借着强有力的长弓，击败了 5~10 倍军力的法军。
1775 年	美国发明家大卫·布什内尔设计了第一款军用潜水艇——"海龟"号，在美国独立战争中，"海龟"号潜水艇参战。
1780 年	印度迈索尔苏丹国用火箭炮成功击败东印度公司。
1851 年	第一款机枪问世。比利时的法式机枪和美国的加特林机枪都有多个枪管。
1862 年	美国北方联邦军的"莫尼特"号战舰在纽约下水服役，这是世界首款铁甲舰。
1906 年	世界首艘战列舰——英国的"无畏"号下水服役。
1909 年	海勒姆·帕西·马克沁发明枪支消音器。
1915 年	荷兰航空工程师安东尼·福克将同步齿轮系统引入战机，这样战机发射的子弹就不会打到螺旋桨了。
1916 年	英国首次将坦克投入第一次世界大战战场。
1942 年	英国工程师巴恩斯·沃利斯设计了首款"弹跳炸弹"。
1943 年	盟军利用"弹跳炸弹"袭击了纳粹德国的工业重地鲁尔区。
1944 年	德国使用 V2 导弹袭击伦敦。
1945 年	8 月 6 日，美国向日本广岛投下一枚原子弹，开启了核武器时代。
1960 年	美国工程师西奥多·H. 梅曼设计了第一台固态激光器。工程师用激光为导弹制导，成为雷达制导之外的又一种制导工具。
1967 年	英国工程师设计的"鹞"式战斗机首飞，这是首款实用的垂直起降战机。
2012 年	英美工程师设计的长航时多情报飞行器首飞。